Auto da fé

… Licenziando queste cronache
ho l'impressione di buttarle nel fuoco
e di liberarmene per sempre (E. Montale)

Con il patrocinio di:

© Luciano Boselli, 2022

© FdBooks, 2022. Edizione 1.0

In copertina:
Icilio Boselli (*Ciliu stradin*), mio padre.

ISBN 979-8365769359

Quest'opera è protetta dalla Legge sul diritto d'autore, è vietata ogni riproduzione, anche parziale, non autorizzata. L'edizione digitale di questo libro è disponibile su Amazon, Google Play e altri negozi online.

Luciano Boselli

Uomini, cani e tartufi

*La ricerca di tartufi a Bonizzo
e Borgofranco sul Po, ieri e oggi*

auto da fé

Indice

- p. 8 *Prefazioni*
- 9 Michele Boscagli
- 12 Paolo Papazzoni
- 13 Lisetta Superbi

LUCIANO BOSELLI

19 Uomini, cani e tartufi
La ricerca di tartufi a Bonizzo e Borgofranco sul Po, ieri e oggi

- 21 *Gh'èla?*
- 25 *Il territorio*
- 35 I paesi
- 41 La trifola
- 55 I *trifulin* e i loro cani
- 58 Gli storici *trifolin* di Bonizzo
- 81 Gli attuali *trifolin* di Bonizzo
- 92 Gli storici *trifolin* di Borgofranco
- 95 Gli attuali *trifolin* di Borgofranco
- 96 I cani
- 99 Le tartufaie
- 105 L'indotto
- 113 È doveroso proporre rimedi

*Dedicato ai miei genitori Icilio e Egle,
che si sono spesi per insegnarmi
i veri valori della vita.*

Prefazioni

Perché il tartufo non è solo un prodotto gastronomico ma è anche un prodotto culturale?
Le tradizioni, il sapere, il tramandare, le espressioni dialettali, le feste, il far vivere la comunità, sono tutti aspetti che consentono di far maturare la consapevolezza che il tartufo può essere un "contenitore culturale complessivo" per un territorio.

Per anni si è visto il tartufo come valore economico e gastronomico per tante regioni italiane, ma mai si era pensato di narrare di tartufo esaltandone il suo valore di tradizione culturale.

Chi conosce il mondo dei tartufai – misterioso, segreto e "sommerso" – capisce quanto sia epocale la svolta che ha dato il riconoscimento UNESCO alla "Cerca e cavatura del tartufo" come patrimonio immateriale.

La cultura del tartufo è infatti identitaria e radicata nei territori, è uno dei collanti più rilevanti della biodiversità e dell'etnodiversità italiana perché legata a forme pre-agrarie di competenze e di pratiche. I saperi connessi al tartufo costituiscono infatti un complesso patrimonio tramandato oralmente – di gesti e parole – condiviso con le generazioni più anziane e che rende oggi necessaria da parte delle comunità italiane una salvaguardia attiva che ha trovato l'asse portante nei praticanti e detentori delle conoscenze.

L'inurbamento, l'abbandono delle campagne e i cambiamenti climatici hanno inciso e stanno incidendo su tutte le attività legate alla terra e al tartufo; per questo ci auguriamo che il riconoscimento recentemente ottenuto nel dicembre 2021 dall'Unesco possa essere di aiuto per una maggiore consapevolezza sulla necessità di tutela, attenzione e sviluppo per il settore, che senza interventi seri e consapevoli rischia di non caratterizzare più i nostri tanti territori rurali.

Ecco dunque l'importanza di testimoniare e documentare le varie esperienze e conoscenze, gli usi e le tradizioni che caratterizzano le nostre campagne, proprio per testimoniare

Prefazioni

l'importanza di un tempo passato che ha scolpito il fare quotidiano legato al mondo del tartufo passandolo di generazione in generazione.

MICHELE BOSCAGLI
*Presidente dell'Associazione nazionale
Città del Tartufo.*

Il libro scritto dall'amico Luciano rappresenta uno spaccato nostalgico di un mondo che fu, di una natura incontaminata e piena di alberi che se da una parte secondo le moderne tecniche agrarie portava alla diminuzione della superficie coltivabile e dei raccolti, dall'altra compensava l'assenza di cibo e la fame con il rinsaldarsi dell'amicizia e della solidarietà fra le persone.

I soprannomi dei cercatori che Luciano ricorda sono una fotografia della vita di quei tempi, in cui ogni persona veniva etichettata secondo le sue mansioni o secondo appellativi storici ereditati, dove però quasi sempre il tartufo rappresentava una importante integrazione al magro reddito del nucleo famigliare.

Grazie Luciano per i bei ricordi.

PAOLO PAPAZZONI
Presidente dell'Associazione mantovana Cercatori di Tartufi Trifulin Mantuan.

Prefazioni

Quando Luciano Boselli – concittadino residente, come me, nella frazione di Bonizzo – mi ha informata di aver messo "nero su bianco" emozioni e ricordi ispirati dal mondo del tartufo di Bonizzo e Borgofranco e mi ha rivolto l'invito a scrivere l'introduzione al libro ho dato senza esitazione risposta affermativa, per un triplice motivo:

COMUNE DI BORGOCARBONARA

1) anch'io sono figlia di un padre *trifulin*;
2) sono sindaco del Comune di Borgocarbonara, che è paese annoverato fra le città nazionali del tartufo;
3) al momento dell'invito si stavano celebrando a Borgofranco la Fiera nazionale del tartufo e a Carbonara la Tartufesta del Po, due eventi che datano oltre cinque lustri e hanno registrato nel tempo un imprevedibile e crescente successo di pubblico.

Lodevole l'idea di Luciano di cimentarsi in un trattato, della cui stesura mi compiaccio perché nonostante vi legga che l'intento dell'Autore non è fare un'opera pedagogica devo riconoscere in effetti che la passione con cui vengono esposte sagge informazioni, considerazioni e idee ne fanno un patrimonio che ha molto da insegnare a chi la legge.

Innanzitutto parla del tartufo e del mondo che gli gravita attorno con la competenza di chi, sulla scorta degli insegnamenti e dei consigli dei *trifulin* antichi – suo padre in particolar modo – appartenuti alla generazione dei cercatori degli anni Sessanta e Settanta, ha acquisito conoscenze trasmissibili dalle esperienze personali dirette sui luoghi della produzione del tartufo con l'ausilio di un cane da cerca. È risaputo infatti che l'estrazione del tartufo non può avvenire senza un cane addestrato e che le conoscenze dei cercatori odierni provengono, oltre che da studi di esperti di comprovata levatura, anche dai consigli e dalle buone tecniche di ricerca trasmesse da chi li ha preceduti.

Ma non è solo questo che i cercatori attuali hanno appreso dai vecchi *trifulin*: l'essenza del loro insegnamento prima e dopo aver cavato il prezioso fungo è costituita dal rispetto dell'ambiente in cui la ricerca si svolge. Il tartufo, come leggiamo in più di una pagina, ama un ambiente pulito, salubre, non inquinato: non per nulla assieme alle api è considerato una sentinella fondamentale della naturalezza del terreno. Ma oggi, come è scritto dall'Autore con chiarezza e franchezza, l'ambiente del tartufo – e non solo quello – non è più così: la cosiddetta "civiltà industriale", sviluppatasi troppo in fretta come superamento della civiltà contadina e in modo caotico, ha sicuramente portato dei benefici ma anche danni così gravi al pianeta che si ripercuotono inevitabilmente sulla naturalezza della nostra vita quotidiana ad ogni livello e in tutto il mondo.

Ciò che Boselli scrive sul sovvertimento del rapporto uomo/natura non si risolve soltanto in informazione ma piuttosto in un richiamo all'uomo contemporaneo perché rifletta seriamente sulla situazione ambientale odierna, che ne sta compromettendo la sopravvivenza. I cambiamenti climatici all'ordine del giorno, l'inquinamento dell'aria, della terra e del sottosuolo in progressivo aumento nonostante da più parti risuoni un grido accorato e un invito pressante a cambiare rotta, stanno portando il pianeta a un inevitabile e irreversibile collasso.

In una situazione di pericolo incombente per la nostra sopravvivenza e per il pianeta questo trattato appare consolatorio, apprezzabile pur nella sua brevità, perché se non altro al di là dei saggi consigli proposti consente di ricordare le figure di *trifulin* di Bonizzo e Borgofranco che da ragazzi abbiamo conosciuto per la fama della loro attività di cercatori, attività svolta come hobby nei momenti di tempo libero al di fuori del lavoro abituale.

Ricordo che noi giovani guardavamo a loro come persone dotate di passione, istinto e sensibilità particolari; attributi che li legavano in modo indissolubile – per così dire *simbiotico* – al cane, di cui l'Autore ricorda i nomi e sulla cui dote olfattiva potevano contare per penetrare nel mondo magico e misterioso che ancora oggi avvolge il prodigioso fungo.

Va da sé che non posso che apprezzare il libro di Luciano, che considero oltre che

Prefazioni

interessante per la passione con cui è stato scritto e le informazioni in esso contenute anche un omaggio diretto alla valorizzazione del nostro territorio. Quale elemento, sia un edificio o un monumento o un paesaggio, è per il nostro piccolo paese rivierasco maggiormente identitario della cultura e della ricerca del tartufo?

D'accordo quindi con l'Autore sulla necessità di proteggere questo dono della natura di grande valore. Da parte mia esprimo apprezzamento e vicinanza ai cercatori dell'associazione *Trifulin Mantuan* per il lavoro svolto finora e per quello programmato per il futuro a tutela del nostro territorio e di ciò che di prezioso è ancora in grado di offrirci.

LISETTA SUPERBI
Sindaco di Borgocarbonara

Luciano Boselli

Uomini, cani e tartufi

La ricerca di tartufi a Bonizzo
e Borgofranco sul Po, ieri e oggi

Gh'èla?

Gh'èla? [c'è?] è una domanda, un ordine, un'esortazione. In questa espressione è racchiuso il mondo della trifola, ovvero del *trifulin* e del suo cane. *Gh'èla?* è una richiesta che esprime il desiderio dell'uomo di scovare al più presto la pepita ma è anche un ordine secco, uno stimolo al cane perché si impegni di più. Un richiamo che, modulato con toni diversi, racchiudeva e racchiude ancora oggi una storia profonda. C'è un'altra espressione che viene intercalata al *Gh'èla?*, ovvero *In du'èla?* [dov'è?]. Quest'ultima però è più di base, di preparazione all'evento che si spera maturi.

Il *trifulin* e il suo cane sicuramente sono gli attori principali di questa scena. Il cane in particolare sa sorprendentemente interpretare tutti gli umori del padrone e, quasi sempre, ne asseconda le richieste. Qualche volta si distrae o fa semplicemente ciò che più gli interessa, però è sempre sincero perché si esprime con i propri atteggiamenti, con gli occhi e maggiormente con la coda, che rimane tra le zampe quando sa – garantito che lui lo sa e se ne rende perfettamente conto – che non sta ubbidendo ai richiami del padrone. Ma la coda che fende l'aria in orizzontale, più o meno velocemente, è anche il primo segnale evidente per comunicare: *ci siamo, preparati!* Il cuore comincia a battere più rapido, la voce si carica di emozioni nell'attesa che il naso della bestiola affondi decisamente in un punto preciso del terreno. Poi il mulinare vorticoso delle zampe, che creano in pochi attimi uno squarcio nella terra, da dove si sprigiona il profumo della trifola.

In sintesi, il mondo del tartufo sarebbe tutto qui.

Per quale ragione quindi ho pensato di mettere nero su bianco ricordi ed emozioni sul mondo del tartufo di Bonizzo e Borgofranco sul Po? Primo perché proprio nel Museo del Tartufo (Tru.Mu, *Truffle Museum*) di Borgocarbonara c'è molta scienza ma ancora pochi racconti e testimonianze sulle persone che hanno fatto la storia della ricerca del tartufo. L'intento quindi è dare menzione a chi negli anni ha contribuito con passione e maestria a esaltare la trifola locale passando dalla raccolta, alla commercializzazione, al suo uso in cucina. I veri artefici e testimoni del successo del tartufo locale – che meriterebbero uno spazio a loro dedicato nel Tru.Mu – sono i *trifulin* con i loro cani; insieme a chi ha precorso i tempi in cucina creando piatti forse senza stelle ma di certo insuperabilmente buoni.

Inoltre proverò a confrontare la realtà attuale con quella di una qualche decina di anni fa. Lo scopo, forse troppo ambizioso, è di suscitare nel lettore una riflessione sulle distorsioni che il progresso ha causato.

In ultimo vorrei descrivere l'argomento attraverso la penna di chi non si occupa scientificamente del settore.

Questa specie di *amarcord* non ha alcun intento pedagogico, non intendo insegnare niente a nessuno. Mi basterebbe suscitare qualche riflessione in chi, sfogliando queste pagine, si ritroverà a godere di un prezioso viaggio tra la campagna e i boschi della Bassa e tra l'attualità e le memorie di un tempo che fu.

Riflessioni che dovrebbero porci una domanda: perché siamo così perseveranti e decisi a rovinare noi stessi e il nostro mondo, che tutto sommato è tanto bello e gradevole?

Il territorio

Pianura che più pianura non c'è. Un terreno fermo e piatto mosso solo dagli argini del fiume Po e dei canali di bonifica. Fino agli anni Settanta la campagna era caratterizzata dai *tramat*, campi di circa ottocento metri quadrati intercalati con *li piantadi*, le piantate con filari di *opi*, *olam*, *salas* e *piupot* (aceri campestri, olmi, salici e pioppi potati a capitozzo).

Le colture tipiche prevalenti erano: frumento, mais, erba medica e barbabietola. I pioppi occupavano la golena e gli spazi di terreno sabbioso. Lungo le piantate si coltivava la vite e quasi tutti i contadini trasformavano l'uva ovviamente in vino, più o meno buono, a uso proprio.

La nostra però non è mai stata una zona particolarmente vocata a tale coltura. A partire dagli anni Sessanta si è assistito alla progressiva deforestazione attuata dai proprietari dei terreni agricoli per rendere i fondi più adatti all'impiego di macchine sempre più grandi e potenti e all'eliminazione delle "tare" (così venivano definite), ovvero le piantate e i filari delimitanti le proprietà o distribuiti sui cigli dei fossi.

Tali operazioni hanno portato a paesaggi un tempo impensabili: case nascoste che sembravano in capo al mondo, e poi invece quasi le toccavi con le mani. Per coloro che si volessero avventurare dalle nostre parti ora si prospetta una visione d'insieme forse monotona nella panoramica generale, ma incredibilmente affascinante nei particolari. Gli stupendi colori pastello di varie gradazioni delle differenti colture disegnano i campi e accarezzano gli occhi in ogni stagione.

Domina il verde in primavera, ora pungente anche se appena accennato, poi via via sempre più intenso, frizzante, vigoroso, avvolgente e vitale nello stesso tempo. D'estate i colori sono accecanti per il giallo del frumento, dell'orzo, del mais, che dominano. Il verde è ridondante ma pacato. L'autunno porta i colori migliori; strananamente nella stagione più umida, nebbiosa, insopportabile, forse anche antipatica, la natura offre – a risarcimento – i toni più caldi, più affascinanti, di una bellezza e di un calore ineguagliabili. Le incantevoli gradazioni di marrone, di giallo e di rosso non appartengono alla tavolozza di alcun pittore. L'inverno mostra un territorio spoglio, essenziale, di poche parole. Alberi uguali a scheletri. Una campagna vuota che prende vivacità solo con la brina e la galaverna, che distribuendosi sulla terra sgombra e sui fusti arborei creano raffinati merletti: vere e proprie opere d'arte. La neve, quando viene, stende un tappeto prezioso e candido, unico e splendido. Poi il silenzio, fino al sopraggiungere della primavera, per ritemprare le forze e prepararsi al nuovo ciclo delle stagioni.

In questo habitat, ancora adesso, emergono due ambiti principali: la campagna di qua dall'argine del Po e la golena tra l'argine e il grande fiume. L'uomo nel tempo ha cambiato volto alla campagna provando colture diverse, dopo aver adeguato le superfici alle esigenze delle nuove macchine operatrici. Il quadro ora è mutato. L'eliminazione dei filari ha creato spazi ampi adatti ai movimenti delle grosse macchine, spesso composte e strane, per svolgere più lavori in una passata e rendere il lavoro veloce e remunerativo. Quindi niente più filari di olmi e aceri campestri, niente viti, niente *piupot*: a completamento, è stata fatta anche pulizia dei pioppeti che segnavano i confini o entrambe le rive dei fossi.

Risultato: sono quasi spariti i funghi. Di pioppini, chiodini, spugnole, cappelli da prete, orecchie di gatto etc. è rimasta solo un po' d'ombra e, quel che è peggio, niente più trifola nei fossi.

Con la sparizione degli zuccherifici di Sermide, Ostiglia, Mirandola e Bondeno sono scomparse le barbabietole. La chiusura di tutte le stalle ha cancellato i quattro caseifici Cason, Agnela, Bancheri e Impero, e buona parte dei medicai (prati coltivata a erba medica). Le principali colture attuali vedono ancora il frumento, il mais e pochi medicai assieme a soia, colza, addirittura girasoli, sorgo e altro. Qualche agricoltore particolarmente all'avanguardia propone la coltivazione di meloni e cocomere.

Una politica quantomeno strana e fantasiosa ha elargito contributi per costruire stalle nuove, il recupero delle abitazioni in uso ai contadini e l'acquisto di bestiame selezionato; salvo poi ridistribuire i contributi in immediata sequenza per macellare il bestiame acquistato e chiudere di conseguenza le stalle appena costruite. Se il primo intento è perfettamente condivisibile, il secondo risulta di difficile comprensione; soprattutto se si pensa che il nostro territorio è tra i più fertili d'Italia. Sicuramente meritava più attenzione e considerazione.

Le difficoltà economiche che mano a mano si sono presentate hanno allontanato gli ultimi veri agricoltori dalla conduzione dei fondi. Si va di fatto verso un periodo in cui grossi impresari, già succede oggi, prendono in affitto la terra gestendola con criteri esclusivamente industriali. Il che non è negativo di per sé. Ciò che non quadra è che sparendo il bestiame, viene meno una fonte di reddito per l'agricoltore. Vacche, manze e vitelli contribuivano a completare in maniera reciproca e complementare il reddito delle aziende; la terra con i suoi prodotti aiutava la stalla, e la stalla accresceva il reddito della terra. Da notare che la stalla fornisce concime naturale senza costi d'acquisto e meno inquinante.

Il quadro si è modificato e continua a mutare nel tempo. La mancanza di letame ha portato a un maggior impiego di concimi chimici, di diserbanti e di veleni con lo scopo di aumentare la produttività e diminuire la sofferenza da insetti e malattie distruttive. Ogni anno si prospettano nuove malattie o nuovi insetti, al punto che la battaglia si complica sempre più.

La golena offre sicuramente il paesaggio più monotono perché accoglie solo o quasi pioppeti, l'unica differenza la fa l'età e l'allineamento. Ciò che è cambiato è il trattamento che viene eseguito: veleni a non finire per uccidere larve, organismi e quant'altro si ritiene possa danneggiare le piante. Negli anni

Settanta e Ottanta addirittura il veleno veniva sparso con gli elicotteri. Risultato: migliaia di uccelli sterminati, un tappeto di morte.

Nei pioppeti poi a partire dagli anni Sessanta, nell'intervallo tra un ciclo e l'altro, si è cominciato a fare arature profonde anche più di un metro; da allora durante il periodo di crescita e sviluppo delle piante il terreno viene passato ogni anno con macchine operatrici capaci di dissodare profondamente il terreno. Ciononostante spesso si vedono boschi coperti da arbusti ed erbe infestanti di tutti i generi. Ancora adesso però non è dato sapere quali siano i veri vantaggi per la crescita dei pioppi; la domanda è: i pioppi pesano di più e crescono in meno tempo? Ho provato a informarmi presso amici agricoltori ma le risposte sono state poco chiare, evasive. Sembra di sì, ma non è detto.

Questo quadro sintetico implica un paio di considerazioni:

In primo luogo il diverso modo di fare agricoltura ha portato grandi modifiche negli anni: dalle tipologie delle colture, al modo di coltivarle. Anche i sapori sono cambiati. Non è forse vero che facciamo fatica a ritrovare e riconoscere quelli di una volta? Dalla polenta al pane, il salame, la verdura, la carne etc. Chi ha una certa età si ricorderà senz'altro il profumo del pane che usciva dai forni; si sentiva a distanza e persisteva nelle narici. Un panino appena uscito dal forno caldo, imbottito di salame o pancetta o mortadella, magari in una mattina grigia d'autunno o gelida d'inverno... Che delizia! Impagabile! E che dire delle collane di salsicce trionfanti e fumanti all'ingresso delle nostre botteghe di generi alimentari d'inverno, che pizzicavano il naso per la fragranza? Tutto sparito. Il profumo del pane a volte si fatica a sentirlo perfino sopra la cesta. Salumi, carni, verdure e quant'altro raramente riescono a soddisfare completamente il nostro palato. Ecco quindi la ricerca, a volte quasi ossessionante, della genuinità con la speranza di ritrovare ciò che ormai non c'è più e, che è peggio, forse non ritornerà. In sintesi il progresso ha portato più quantità a scapito della qualità.

In secondo luogo le nuove lavorazioni eseguite con macchine che scavano in profondità il terreno pregno di concimi e veleni hanno praticamente azzerato le tartufaie naturali in golena e nelle campagne. Una miniera d'oro distrutta e verosimilmente irrecuperabile. Stessa considerazione vale per i fossi della nostra campagna, dove si trovava il tartufo e dove sono spariti gli alberi: riempiti d'acqua per l'irrigazione e conditi ben bene di veleni, diserbanti e quant'altro sparsi nei campi vicini. Risultato: il tartufo oggi non c'è quasi più. L'ultima fonte di produzione restano gli argini del canale ex Reggiano, ora Terre di Matilde. Ancora una volta le esigenze economiche di quantità hanno prevalso sulla qualità.

Ora si cerca di promuovere la coltivazione del tartufo in tartufaie create a mezzo di piante micorizzate. Bene! Ma se è vero, come è vero, che il tartufo è molto sensibile, al punto di sparire quando viene attaccato da veleni e da altre anomalie, come farà a sopravvivere? Ricordo che basta una potatura esagerata alla pianta simbionte per far sparire la trifola. Credo, ma mi auguro di sbagliare, che basti al tartufo la vicinanza a campi coltivati modernamente per risentirne negativamente e scomparire. Qui parliamo di tartufo e quindi le negatività sembrano rivolgersi esclusivamente a questo prodigioso frutto della terra, ma veleni e inquinanti coprono e aggrediscono tutto ciò che consumiamo quotidianamente.

E noi? Cantava il grande Gaber: «e l'Italia giocava alle carte / e parlava di calcio nei bar». Sembra non esistere la consapevolezza che ci stiamo uccidendo con le nostre mani. Intendiamoci, senza tartufo possiamo vivere, e pure bene; un buon risotto con la salsiccia può accontentare anche i palati più esigenti. Il timore è che si arrivi al punto in cui bisognerà bruciare il frumento avvelenato, ovvero il pane; evitare le falde d'acqua per dissetarci; scartare verdure etc. Preferisco non pensare a simili ipotesi perché nella testa si aprono scenari tragici: crisi economiche per il lievitare dei costi, liti tra confinanti e, purtroppo, non riesco a non pensare a guerre disastrose. E allora?

Forse sarebbe il caso di pensarci urgentemente tutti da subito e imporci una revisione, anche drastica, delle nostre abitudini.

I paesi

Le tre borgate di Bonizzo, Borgofranco e Masi hanno conservato più o meno l'aspetto di una volta. La prima vera rivoluzione che ha spostato un po' il baricentro e qualche abitudine è stata la costruzione della strada provinciale dopo la grande piena del 1951. Urbanisticamente Bonizzo è cresciuto meno di Borgofranco e ha spostato il centro vitale in fregio alla strada provinciale. Borgofranco è riuscito a mantenere, grazie anche al Municipio, alle Poste, all'edicola con i tabacchi di Enzo, alla banca e all'ambulatorio, il vecchio centro. Peraltro assai suggestivo.

Purtroppo però lo straordinario calo della popolazione e il progressivo concentramento di grossi centri commerciali nelle vicinanze ha modificato le abitudini della gente contribuendo in tal modo alla scomparsa del bar di Remo e dell'osteria Roncada, dei negozi della Lucia e Teotimo, di Clemes, Ado, Bruno Borrini, degli alimentari della Jone, di Augusto, dei barbieri Isdegerde e William. Dimenticavo, c'era anche il forno della Bianca e per alcuni anni quello di Tino Cantutti, con Afro di Villa Poma. Nell'ex forno successivamente Tino aprì la rivendita di concimi, veleni etc., tutto per l'agricoltura. Sparita anche la falegnameria di Mario *"Bassin"* oltre ai meccanici Lino Cavallini per le biciclette e Desiderio Borsari per le macchine. Incredibile: ben diciassette esercizi commerciali, con diverse attività! Purtroppo ultimamente ha chiuso anche la tabaccheria di Enzo e Laura, nonostante per alcuni anni sia stata gestita dalla nuora Simona. Era il cuore di Borgofranco, che tristezza!

Bonizzo ha seguito la stessa sorte. Colpito forse maggiormente dal fenomeno dell'esodo verso le grandi metropoli, si ritrova ora vuoto dei bar trattoria di Athos, del Lido Po gestito dalla Zelinda Vincenzi detta "Tata" e del bar della Jone, degli alimentari di Maggiorino, poi gestito fino alla chiusura da Franca Boselli. A seguire hanno chiuso gli alimentari con forno di Roberto (Fico), la merceria della Iride e il negozio di stoffe di Lealdo Basaglia, da un certo punto in poi gestito da Aroldo Zavatti fino alla chiusura. E i due barbieri *Maramin* e Remo, oltre ai due negozi di frutta e verdura con gelateria dell'Angela e dell'Aida. Da non dimenticare le due sartorie dell'Angiola e della Neva e il fabbro e maniscalco Pinotti, la cui bottega appena fuori dalla piazza mantiene, sopra la porta, la testa di cavallo. Anche qui ben quindici attività scomparse.

Vale la pena ricordare che le ex scuole di Bonizzo, edificio grande e maestoso, chiuse da moltissimi anni, sono state trasformate in mini alloggi. Sono sparite diverse attività caratteristiche quali i mulini di *Giuanin* e della Mila Preti, e di Bardini detto "Gisto", oltre ai caseifici già ricordati.

Purtroppo anche Masi, che aveva visto chiudere a suo tempo il negozio di alimentari di Pavani, fino a poco tempo fa aveva conservato quasi del tutto le proprie caratteristiche di un tempo, ma da anni ormai ha cessato di esistere il Mulino Paiusco. Che peccato.

Sono rimaste al loro posto, intatte, le due belle chiese con i loro campanili, sentinelle vigili sulle borgate; ancora oggi sembrano lì a reggere gli argini per proteggerci dal grande fiume. Ferite dall'ultimo terremoto, hanno atteso con santa pazienza che gli uomini ne curassero le piaghe.

Borgofranco ha avuto una buona espansione con la lottizzazione Bancare, posta tra la nuova strada provinciale e il lontano cimitero. Di fatto è sorto un nuovo piccolo centro commerciale, con la nascita del ristorante Padus della famiglia Gorgatti e successivamente con la costruzione del condominio che ospita alcuni negozi la farmacia Fornasa e la parrucchiera Roberta, oltre ad altri attualmente chiusi. Ci si augura per poco tempo. Di fianco al Padus troviamo ancora aperta la bottega di generi alimentari ex Rosanna, ora Daniele.

I paesi

Lo spopolamento massiccio che a partire dall'immediato dopoguerra ha portato tante famiglie, la maggioranza, a trasferirsi a Milano e nel suo retroterra ha contribuito a far chiudere le scuole elementari sia di Bonizzo che di Borgofranco, oltre alla scuola materna. Da diversi anni ho notato un profondo cambiamento della gente nei riguardi delle proprie case. Probabilmente la maggiore disponibilità di denaro dovuta al cresciuto lavoro ha fatto sì che tutti indistintamente abbiano dedicato risorse alla propria abitazione rendendola più accogliente e dotandola di maggiori servizi.

Bonizzo e Borgofranco sono rimasti senza bar da oltre vent'anni. In compenso sono sorti due circoli ricreativi con funzioni simili al bar e numerose iniziative di vario genere per tenere unita la comunità. Sono gestiti e frequentati dai soci, che altro non sono che gli abitanti dei due paesi, oltre un certo numero di extra moenia.

La trifola

Mi giro e mi rigiro nel letto. Sono nervoso. La testa continua a macinare lo scorno che mi è capitato ieri. Andando a trifola presto, un po' più presto del solito, decido di fermarmi a bere un caffè al bar; mi è sembrato indispensabile, anche se in genere non lo faccio mai. Il cane mi fissa forse con un po' di disprezzo, anche perché lui le leccornie se le deve guadagnare, ma poverino è costretto a sopportare. Riparto soddisfatto e dentro di me sento che sarà una mattinata particolare.

Arrivo e noto immediatamente un'altra macchina ferma: qualcuno mi ha preceduto. Però sento che andrà bene, sarà senz'altro una mattinata fortunata.

In realtà finisce male, al punto che sarebbe stata più accettabile una leggera febbre. Il collega che mi ha preceduto si presenta immediatamente con ben cinque tartufi, non enormi ma profumatissimi. In più quando li mostra mi guarda in faccia con un chiaro sorriso di compatimento e di presa in giro. Come se non bastasse il cane parte di corsa e mi alza un fagiano.

Non riesco a trovare una spiegazione che mi salvi la vita; quindi recupero il cane e torno a casa immediatamente con la scusa del solito dolore alla schiena di cui soffro da tempo. Il resto della giornata è da ritiro spirituale, non c'è niente che mi calmi. La notte è ancora peggio.

Quindi prendo al volo lo squarcio di lucidità del cervello nel dormiveglia agitato che mi ritrovo addosso. Mi alzo, una rapida colazione e via verso il bosco del giorno prima. Questa mattina però niente caffè. Arrivo e sono il primo, la macchina del collega è subito dietro di me. Saluti e via: l'uno da una parte e l'altro dalla parte opposta.

Si inizia: *in du'èla?* Dieci, venti metri. *Gh'èla?* niente. Improvvisamente il mio cane parte, attraversa il boschetto a naso in su. Mi batte il cuore. Non sarà mica il fagiano di ieri? Lo strozzo. Si porta dietro il collega concorrente, punta decisamente il muso a terra e comincia a raspare. Corro. Oddio, se sbaglia gli strappo... un pelo! Arrivo trafelato. *Gh'èla? Guardagh ben!* [Controlla bene!]. Lui insiste. C'è! Mi inginocchio e il profumo mi investe. Sposto Snoopy distraendolo con qualche croccantino, comincio a scavare con il vanghetto e dopo un po' appare una visione fantastica: una chiazza gialla, liscia, meravigliosa.

È trifola, gente! È una Venere che appare tra i flutti. Il collega fa finta di essere tranquillo e distaccato, ma so che rosica più di me la mattina precedente. Anche perché Snoopy ha trovato la trifola, gliel'ha fatta sotto il naso proprio dietro il suo cane, che è appena passato nei paraggi! Continuo a scavare e il contorno si definisce sempre più: il tartufo è enorme, almeno quattro o cinque etti. Alzo la voce, forse canto. Non sarebbe la prima volta in queste occasioni.

Improvvisamente mi sento scuotere la spalla: «Luciano, non stai bene?».

Mia moglie mi sveglia e mi toglie la soddisfazione di trovare un grano di tartufo extra, uno di quelli che finiscono sui giornali. A me non ne tocca neanche in sogno.

La trifola è un fungo ipogeo che cresce in simbiosi con alcuni tipi di piante… etc. Tutto vero, ma parziale.

Secondo me il tartufo è soprattutto un regalo della Provvidenza che va oltre la scienza, perché è una fonte inesauribile e continua di emozioni.

Le emozioni ti prendono in primavera e d'estate quando guardi il cielo speranzoso di un po' di pioggia nei periodi di siccità. Ti rincorrono a ogni passo durante la stagione di ricerca e non ti lasciano nemmeno nei momenti di pausa, o meglio di vita normale, quando sei al bar o al mercato. Peggio ancora quando sei in casa con la famiglia. La mente viene soggiogata dai forse, dai perché o dal fatidico: *ah se avessi…*

Per non parlare poi della trifola che prendi nel palmo della mano sfiorandola con la punta delle dita. Con la tenerezza e la leggerezza riservate a pelli tenere e profumate. Questo vale per i *trifulin*, ma non è che gli amanti di questo fungo che, senza cani, vanno a caccia di trifola sedendosi nei ristoranti sparsi qua e là siano esenti dall'incantesimo. Ovviamente.

Parlare di trifola per me è fonte di grandi emozioni. Negli ultimi anni ho sentito tanta gente, più o meno esperta, trattare l'argomento dal punto di vista essenzialmente tecnico-scientifico. Dico subito che un tale approccio racchiude un grande fascino ma a mio giudizio resta troppo lontano dalla pratica. Nelle varie discussioni e nei vari congressi ai quali ho partecipato ho sempre notato una buona dose di superficialità nel trattare l'argomento. Ho sentito per esempio un esperto rispondere a una mia domanda che non c'era da preoccuparsi del calo, effettivo o possibile, della produzione del tartufo. Niente di più falso! «Basta seminare le piante» diceva. Non è assolutamente vero, le prove sono davanti agli occhi. Metti le piante in una tartufaia appena dismessa per il taglio ciclico: se non le interri in una certa maniera e le segui costantemente con innaffiature e potature regolari in parte muoiono, e solo qualcuna dopo quattro o cinque anni comincia a produrre qualcosa. Quando va bene. E questo nonostante la continua e meritevole opera di assistenza dell'associazione *Trifulin Mantuan*. Addirittura ho constatato che una potatura esagerata fa sparire del tutto il tartufo. Anche qui ci sono le prove. Nel cortile delle ex scuole di Bonizzo, come in altri plessi di queste parti, ci sono ancora dei tigli attorno ai quali si trovava il tartufo nel dopoguerra: il *magnatum pico*. È bastata una potatura gigante per far sparire tutto.

Vorrei aggiungere qualcosa in più sulla sensibilità della trifola. Anni fa, allora ero molto giovane, ricordo che in occasione dell'abbattimento dei pioppi si assisteva a un fenomeno diverso. Finito il taglio si procedeva immediatamente all'asportazione delle ceppaie, che veniva eseguita a mano dagli abitanti del paese con una sorta di contratto che prevedeva la ripartizione in un certo rapporto tra proprietario e cavatore. La particolarità della cosa era che venivano scavate buche di tre-quattro metri di diametro per raccogliere più legna possibile. Orbene, una volta finito si procedeva al rinterro e alla prima stagione propizia si rimettevano le piantine. Qualcuna, poche, cominciava a produrre tartufi dopo il secondo anno; poi mano a mano rientrava in produzione l'intera tartufaia. Il ciclo era continuo. I veleni erano ridottissimi, se non addirittura esclusi. Fino a un certo momento non venivano eseguite arature profonde e soprattutto non venivano svolte erpicature, fresature e quant'altro per smuovere il terreno o arieggiarlo.

Un'altra osservazione. Quando ero ragazzino, sui dodici anni, si andava a cercare la trifola principalmente in golena. Ho cominciato allora, ma era facile perché era il cane che guidava. La produzione di tartufo era regolata dal Po! Sembra una cosa inverosimile, invece era proprio così. Il grande fiume ogni anno in primavera *veniva dentro* (in gergo), ossia con lo scioglimento delle nevi e le piogge frequenti e sempre abbondanti copriva la golena fino all'argine. I vecchi *trifulin*, tra i quali mio padre, mi insegnavano che se il Po fosse rimasto in golena due giorni la produzione sarebbe stata ottima. Se avesse impiegato il doppio, ovvero quattro giorni, la trifola si sarebbe trovata a cominciare da fine ottobre. La permanenza del Po oltre i quattro giorni avrebbe invece annullato la produzione completamente nella prima stagione. E così succedeva. Io non ho spiegazioni scientifiche, però succedeva.

E il *trifulin*? Ha colpe nel fenomeno della scomparsa della trifola? Contribuisce in qualche modo a depauperare la natura dal preziosissimo fungo? Certamente sì. Avrei però qualche osservazione da fare.

È vero infatti che alcuni *trifulin* vengono trovati con le dita nella marmellata. Però secondo me non è così grave e non si ripercuote gravemente sulla produzione. I peccati più ricorrenti sono in sintesi: il non rispetto dei calendari e il non riempimento dei buchi appena fatti. Nel primo caso direi che è grave non rispettare i regolamenti perché il fatto in sé è una specie di reato. Mi sono sentito dire che il tartufo va trovato quando è maturo, per cui andrebbe capito che portandolo via in agosto si rinuncia a una buona possibilità di riproduzione. Però mi ricordo che da ragazzetto andavo a tartufi anche in agosto e, come me, tutti gli altri. Allora non esistevano calendari, era permesso. In agosto il tartufo era spesso più marcio che sano, come adesso. E allora si faceva una cosa molto semplice: lo si prendeva e lo si mondava della parte marcia sopra il buco. L'operazione non sprecava niente e la parte che ritornava nel terreno serviva allo scopo di rigenerare un futuro tartufo, con il vantaggio che si sveltivano i tempi. Si dice che le spore vengano spostate dagli insetti, dai vermi e quant'altro che non so; tempi ovviamente biblici ridotti così a qualche minuto. Coprire il buco dove si è scavato un tartufo è un dovere, è stata la prima cosa che mi ha insegnato mio padre e la prima che mi dicevano altri *trifulin* con i quali ho avuto la fortuna di scambiare opinioni e soprattutto ricevere insegnamenti. Siccome a trifola si va su proprietà altrui, osservo che se qualcuno venisse nel mio cortile a scavare dei buchi lasciandoli aperti mi darebbe enormemente fastidio. Credo di non essere l'unico.

Il problema vero è un altro. Il tartufo, oltre a essere un frutto meraviglioso, ci indica che si fatica a vivere in un mondo in cui sono sparite le stagioni, in cui siamo circondati da veleni e inquinanti, in cui il clima è rovesciato: non esiste più l'inverno con la neve, il ghiaccio e le gelate. Almeno qui da noi. Ricordo che ai tempi a metà dicembre già si rallentava la ricerca e subito dopo Natale la si sospendeva del tutto; semplicemente perché si formava uno strato di ghiaccio nel terreno fino a quindici centimetri di spessore e il profumo del tartufo non si avvertiva. A quel punto diventava difficilissimo recuperare la trifola, perché di fatto la si trovava solo in profondità. Cosa che non succedeva con poca neve per terra.

L'estate di adesso è sempre calda, ma la mia sensazione – non comprovata – è che sia molto più secca di qualche anno fa. Trascorrono mesi interi senza una goccia di pioggia. Il Po passa anni senza venire in golena, significa che cade poca neve e piove poco nel bacino del Po.

Non solo. Gli scienziati ci avvertono che per il caldo si sciolgono i ghiacciai e che l'anidride carbonica ha creato come una cupola sotto la quale ci stiamo incamminando verso un futuro affatto gradevole.

E allora continuiamo a "giocare alle carte e a parlare di calcio nei bar"? Tutto sommato, pare di sì.

Di fatto non vengono prese decisioni drastiche per invertire l'andamento climatico. Almeno questa è la sensazione. Nella realtà il riscaldamento globale è un dato di fatto. Nei nostri mari Adriatico, Mediterraneo e Tirreno sono stati trovati pesci che fino a pochi anni fa vivevano esclusivamente nei mari tropicali. A riprova dell'aumento della temperatura.

Ecco a mio giudizio questi sono i responsabili più pesanti del calo produttivo del tartufo, e non solo. Il caldo e la siccità, figli della snaturata gestione delle nostre risorse naturali, miscelati con dosi sempre più massicce di veleni, creano un tappeto di aridità. E mi fermo qui, che già questo è un male perché di fatto, purtroppo – zitto io, zitto tu, zitti tutti – insieme lasciamo che ci pensino pochi altri, ovvero una Greta qualsiasi a cui i mass media danno più attenzione come figurina dolce e minuta, quindi fuori dagli schemi abituali, anziché approfondire e porre in risalto ciò che sostiene. Purtroppo ho la sensazione che la gente sia attirata da argomenti più leggeri.

Le pulizie che i soci dell'Associazione mantovana Cercatori di tartufi *"Trifulin Mantuan"* fanno da alcuni anni sono encomiabili e riducono gli effetti negativi di quanto detto sopra, però non bastano.

Un confronto di idee su questi dati, argomenti e statistiche dovrebbe essere obbligatorio. Se contiamo solo i *trifulin* ci ritroviamo in pochi; se però aggiungiamo i ristoratori con i quali collaboriamo, gli amanti del tartufo – e potenzialmente tutto il mondo, perché un miglioramento del clima fa comodo a tutti – beh allora cominciamo a ritrovarci in un bel mucchietto di persone e diventerebbe più facile farci ascoltare.

Perché non provare a lanciare una campagna di sensibilizzazione rivolta a tutti partendo dai pochi, chiamando a raccolta le varie associazioni di categoria e a seguire altri interessati? Complicatissimo e difficilissimo, però se non ci si prova rimane solo il lamento e il gioco delle carte, almeno fino a che riusciremo a resistere.

Credo che l'inquinamento attuale richieda interventi rapidi e risolutivi per eliminare i veleni in genere che, sempre a mio parere, sono la causa principale di ciò che sta succedendo.

I *trifulin* e i loro cani

Entrai bambino in questo mondo, a sette anni circa, perché spesso seguivo mio padre nelle battute nel bosco della golena.

Poi a circa tredici anni il capo mi concesse di uscire da solo con il Black, un quasi cocker nero. Dico subito che era il cane a portarmi alla trifola, gli bastava vedere il vanghetto e partiva per le tartufaie della golena indicandomi la strada, i punti giusti; conosceva perfettamente i tratti dei fossi dove si trovava la trifola, sapeva dove scendere e quando era ora di risalire perché oltre non si trovava più niente. Insomma il vero *trifulin* era lui, io fungevo da supporto e da portatore di quanto trovava.

Sì, perché allora il tartufo era presente. Eccome!

Trovo più difficile elencare i *trifulin* attuali e le loro caratteristiche; non perché siano tanti, ma perché mi sembrano più difficili da capire e interpretare.

Trovo una profonda differenza tra i vecchi e i nuovi *trifulin*. Quando scrivo che con i vecchi dialogavo quasi fossi uno di loro nonostante la differenza d'età non racconto una semplice impressione, ma una realtà capitatami – per mia fortuna – e che mi ha arricchito molto.

Ora trovo spesso e volentieri egoismo puro, che spinge a fare cose a mio giudizio insopportabili.

C'è anche tanta presunzione, spesso non giustificata, per mancanza d'indizi.

Mi rendo conto che cercare tartufo oggigiorno è ben più difficile di una volta e questo per una serie di motivazioni sintetizzabili in tre punti:

    a) I veleni sparsi e le lavorazioni attuali hanno rovinato e bruciato la maggioranza delle tartufaie di una volta.

    b) Le tartufaie rimaste sono attaccate in continuazione dalla perseveranza deteriore dell'uomo che non riesce a rispettare la natura, per cui non interrompe la catena di operazioni che fanno sparire il tartufo.

c) La scarsità di tartufo e il ricavo della vendita induce all'egoismo puro il *trifulin*, al punto di fare talvolta otto o dieci ore in giro a cercare trifola calpestando in continuazione la terra senza lasciarla respirare. Spesso si trova del tartufo, ma non maturo al punto giusto. La mia è una sensazione e non una certezza scientifica, però penso che l'intero ciclo si completi solo con tutte le condizioni ideali.

Spore e quant'altro vivono e si staccano solo in certe condizioni. Solo partendo da queste basi, seriamente verificate, si possono introdurre i rimedi giusti per invertire quella che è già una realtà: cioè la difficoltà del tartufo a riprodursi.

Gli storici *trifolin* di Bonizzo

Di seguito elenco i nomi delle persone che ricordo.

REMO BARDINI (*al barber ch'a vendea anca l'oiu*). Arrivato nel mondo del tartufo che aveva già una certa età, era molto rispettoso di tutto e di tutti.
I suoi cani: Full, figlio di una cagna di mio padre.

DINO BELLUTTI (*Maramin al barber*). Un giorno in un angolo tra l'argine e la discesa della Nogarazza, ovvero nella tartufaia chiamata "*li Cavi*", comparve un cartello con scritto: «Zona riservata a cani selezionati».
In questa piccola zona di circa duecento metri quadrati si trovava tartufo a sessanta centimetri di profondità e quindi non tutti i cani lo sentivano, per cui dovevano essere proprio eccellenti.
Non si è mai conosciuto l'autore del cartello, ma pare che fossero addirittura quattro,

ossia: *Maramin*, *Ciliu stradin*, *Tito l'umin dla trifola* e Moris Palmieri.

Altra curiosità riconducibile a *Maramin*, a dimostrazione dell'inventiva e della fantasia veramente portentose. Stava abituando una cucciola meticcia con tendenze breton francese: la Bèla.

Orbene quella bestiolina simpatica e anche bellina aveva un sangue spaventosamente vivace, al punto che quando decideva partiva di corsa a una velocità incredibile e

Dino Bellutti (*al Barber*), quello dei legnetti.

correva per almeno duecento metri; a volte perché sentiva un uccellino, altre forse solo per sgranchirsi le zampe.

Siccome però ogni tanto in queste gite trovava il tartufo, *Maramin* decise che doveva essere solo corretta.

Prese due listelli di legno da 2x20 cm circa e li attaccò al collare con due catenine: così quando la Bèla camminava i listelli toccavano le zampe davanti e la inducevano a rallentare; quando si metteva a correre faceva una o due capriole, guardava *Maramin* con aria interrogativa e riprendeva con un'andatura da cane da trifola.

In poche settimane trasformò una velocista pura in un cane da tartufo tra i più bravi in assoluto.

I suoi cani: appunto, Bèla.

Severino Bocchi (*Severin scarpulin*). Piccolo di statura, anche lui molto tenace e perseverante al punto che spesso sfruttava la notte per non interferire con il proprio lavoro. Era un grande calzolaio; ho portato scarpe fatte interamente da lui e posso garantire che erano straordinariamente soddisfacenti. Non ricordo il nome dei suoi cani.

Icilio Boselli (*Ciliu stradin*), mio padre. Mi ha insegnato praticamente tutto, nelle sue intenzioni almeno; quel che mi manca è colpa mia.

Le prime regole che mi ha dettato sono state semplici e comunque raggruppabili in una parola: *rispetto*. Rispetto delle tartufaie attraverso la chiusura dei buchi e la salvaguardia delle radici delle piante simbionti. Rispetto dei colleghi cercando di non disturbare e di non superare chi ti sta davanti.

Il suo record fu un tartufo di otto etti trovato in un fosso che, privato delle piante a suo tempo, non produceva più niente da allora.

Ricordo un curioso episodio. Un pomeriggio mi ero avventurato in un tour per i fossi. Ero arrivato ai Casoni, avevo messo giù il mio cane Kira e le avevo ordinato di scendere nel fosso: lei faceva finta, ma non scendeva. Dopo alcuni tentativi senza risultati mi era venuto

Icilio Boselli (*Ciliu stradin*) con la Kira seduta su un trasportino per bambini adattato al trasporto dei cani.

un dubbio, quindi avevo ricaricato la Kira sul seggiolino per tornare a casa. Dopo un po' era arrivato anche mio padre e io a bruciapelo avevo chiesto: «Hai picchiato la cagna nel fosso dei Casoni?». Lui abbassando gli occhi aveva ammesso che con quella demente che non ubbidiva prima l'aveva sgridata, poi visto che continuava l'aveva picchiata con un rametto un paio di volte.

Morale, per una decina di giorni non era potuto tornare a cercare tartufi con la Kira. Che permalosa! Dopo un po' di giorni, di pomeriggio, presi la cagna e partii ancora per fossi.

Arrivammo vicino alle Marcelle e la Kira cominciò a raspare. Corsi, annusai e... c'era la trifola! Alzando gli occhi scorsi mio padre in bicicletta venire verso di me. Attesi che si avvicinasse. La Kira però si ritirò guardandolo male. Non ricordo più le parole, forse non ce ne furono, sicuramente fra di loro avvenne un dialogo intraducibile a base di mugugni, guaiti e occhiate. Giuro! Un incredibile crescendo di toni.

Infine, occhi negli occhi: «*Cara la me sifulina ch'l'è brava ad me 'l sol!*». La Kira saltò in braccio a mio padre e pace fu! Non è mai più successo.

C'è un'altra curiosità che voglio raccontare. Una volta l'unico mezzo di trasporto erano le scarpe e la bicicletta, sulla quale si montava un seggiolino per bambini. Mio padre riusciva a viaggiare con la Kira nel seggiolino e i due nipoti Raffaele e Roberto, di sei anni, sulla canna. Non ha mai avuto problemi di equilibrio. Al ritorno, periodo fine agosto, i due nipoti da soli andavano con il tartufo dal mitico Athos, il quale lo esaminava e pagava in gelati. Ovviamente c'era un accordo preventivo tra mio padre e Athos, però loro discutevano lo stesso sul prezzo.

Un'ultima cosa, che ancora oggi ricordo con fastidio. Era fine ottobre, i primi venti giorni di novembre. Mio padre tornava a casa dal lavoro alle 17.30 circa, aspettava un poco il buio pesto e poi partiva, cane sul seggiolino e via. Dove andava non me lo ha mai detto perché sosteneva che ero troppo *leggero* (mi tratto bene, era un termine diverso) e sicuramente il giorno dopo l'avrebbe saputo tutta Bonizzo. Sostanzialmente andava in due fossi dove, in circa trenta metri per ciascuno, portava a casa circa un etto e mezzo di trifola; tutti granetti da una ventina di grammi, quasi perfettamente tondi e molto profumati. Sembravano fatti con uno stampo. Bene, dopo qualche anno una sera mi ha spiegato di preciso dove si dirigeva; ho creduto fosse una concessione riferita a un'acquisita credibilità. Due giorni dopo ho trovato il tempo e, con il primo buio, mi sono fiondato nei due posti: non c'erano più i pioppotti e non c'era più trifola. Non è servito a niente scandalizzarmi e litigare, si era preservato nel tempo una piccola miniera di tartufo e, con il senno di poi, non aveva avuto tutti i torti: è molto probabile che non sarei stato così abile nel nascondermi. A pensarci bene non ero e non sono un gran *trifulin*. Sicuramente loro, mio padre e i colleghi della sua età, avevano una o due marce in più.

I suoi cani: Rex, Diria, Black e la Kira. Tutti base cocker, più altre razze a seconda del caso.

Lino Bresciani (*Fiume*, o *Fumèt*). Lo conoscevo più come norcino che come *trifulin*, anche perché amava più i fossi che la golena, per cui ci siamo incrociati poche volte. Come norcino venne a casa mia a fare salami quando i due Antenore smisero la professione. E che salami! Quando si dice: 'an *gh'è pü i salam ad na volta* [non ci sono più i salami di una volta], ecco proprio quelli che faceva *Fumet*.

Vittorio Bruschi (*al Dutor*). Ho avuto la fortuna di andare una volta a trifola con lui a Serravalle Po: un'esperienza unica e speciale. Ho imparato un sacco di cose, alcune delle quali mi porto ancora addosso. *Al Dutor* aveva una 1100 Fiat grigia senza code se ricordo bene. Mi sbalordì inizialmente per una stranezza. Aveva trovato un sistema semplicissimo per togliere l'irruenza caratteriale a Fiume, il suo cane: lungo l'argine tra Bonizzo e Revere metteva giù il cane e si faceva rincorrere per qualche chilometro; una volta arrivati a Serravalle Fiume sembrava un cane normale stile cocker! Il percorso prevedeva un giro, andata

I *trifulin* e i loro cani

Il dottor Bruschi, Fiumea destra e Dick a sinistra.

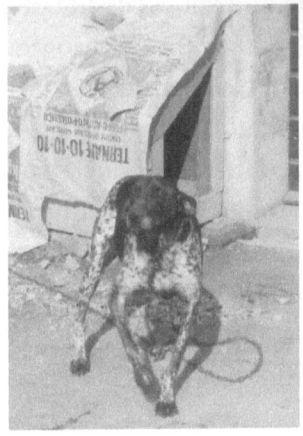

e ritorno fino a Sustinente. Arrivati a un chilometro o due dopo Ostiglia si parcheggiava e poi via per il bosco. Non ricordo di aver mai visto una persona camminare così di lena per tutto il percorso. Io ero giovane, sui diciotto anni; lui che era oltre i cinquanta mi distrusse. Però passai un pomeriggio con una persona speciale, che mi lasciò stanchissimo ma euforico. Tante le lezioni che appresi in quelle due o tre ore che trascorremmo insieme. A ogni passo anche se non trovavo tartufi scoprivo consigli, buone indicazioni, spiegazioni complete. Mi insegnò anche a non lasciarmi prendere da facili reazioni, vista la mia età. Accadde per esempio che un agricoltore ci rimproverò per una cosa che nessuno dei due capì mai, forse possibili danni che potevamo fare o aver fatto. Lui, con il sorriso sulle labbra e con la sua tipica tranquillità, pian piano lo zittì e quello ci chiese scusa. Allontanandoci ammisi: «Dottore, stavo saltando il fosso», un modo di dire che stavo per perdere la calma. E lui, ancora più sorridente e tranquillo di prima, mi spiegò che non ne valeva la pena. Le parole non me le ricordo più e mi dispiace, però il senso generale lo porto ancora con me e qualche volta mi è pure servito. Quel giorno di trifola ne trovammo poca, ma io tornai a casa ben più ricco. Una confidenza curiosa avuta. La passione per la trifola era per lui talmente grande che quando nacque il figlio Bruno, tra le quattro e le cinque del mattino, *al Dutor* invece di andare a letto a riposare andò a trifola.

I suoi cani: Fiume.

LINO BUGANZA. Per alcuni anni dedicò un po' di tempo alla trifola, ma la sua passione vera era la caccia, dove eccelleva.

LINO CHIODARELLI (*Ciolda*). Pure lui amava più i fossi che la golena.

DIONISIO FACCHINI. Dionisio è stata una figura esemplare, mi ha insegnato a riconoscere l'acqua del Po quando viene dagli affluenti di destra o di sinistra. E quando è il momento di pescare con la bilancia o con la canna, soprattutto dove. Tutto è andato perso.

Tito Ferraresi (*l'umin d'la trifola*). Figura secca, baffettini rasati, cicca costantemente nell'angolo sinistro della bocca. Portava un cappello di panno in testa e una giacca in tweed marroncino, aveva una voce possente e cavernosa. È stato forse il primo a far diventare un'attività la ricerca del tartufo, con annessa scuola di addestramento cani; riusciva a far cercare tre cani contemporaneamente. L'ho trovato ogni volta che sono andato a trifola ed è sempre stato prodigo di consigli e insegnamenti. Ciò però che più mi stupiva era che nel momento in cui comparivo lui, che magari era a mezzo chilometro di distanza, non faceva un metro verso di me; si lasciava raggiungere e poi insieme cercavamo nell'ultimo pezzo. Famoso anche perché aveva trovato un tartufo di oltre un chilo e mezzo. Adesso lo si definirebbe un'icona, era una persona seria e squisitamente gentile. Insieme a Motta di Carbonara riuscì a creare la prima riserva al Ponte dei piccioni. Nell'ottica di trarre dal tartufo il massimo profitto Tito diventò "commerciante di se stesso", nel senso che non si

Tito Ferraresi (*l'umin d'la trifula*) con uno dei suoi cani.

faceva abbindolare da commercianti intermediari e spediva il figlio Franco a Milano a vendere ciò che trovava. Franco tornò a casa, una delle prime volte, con una novità: sotto i portici di Piazza del Duomo c'era un banco, se ricordo bene di Grazioli, con un piatto di «tartufo di Bonizzo». E il prezzo era il più alto. Da queste parti scambiò della trifola con una FIAT Topolino C. Me l'hanno raccontato i figli stessi, Franco e Giorgio.

I suoi cani: la Mina e molti altri.

GIUSEPPE GAVIOLI (*Pesce*). Non ho molti ricordi, si trasferì a Revere presto. Di professione mi pare facesse il mediatore.

MARIO GOLFRÉ ANDREASI (*al plin mat*). Più cacciatore che *trifulin*, era un tipo estremamente estemporaneo, nervoso ma con un cuore d'oro. Si appassionò per alcuni anni alla trifola dedicandole un poco di tempo.

ANTONIO NEGRI (*Toni Sarsòt*). Di professione motorista, *trifulin* nel tempo libero.

Vittore Vezzali (*Vitore ad la Cort Longa*). Racconti di allora sostengono fosse molto amico delle famiglie Vincenzi Cesino e Athos. Correva voce che andasse spesso a mangiare nella loro trattoria e pagasse con il tartufo.

Moris Palmieri. Gran lavoratore, dipendente di un mugnaio (Giovanni Preti). Dopo un'esperienza di lavoro a Latina era tornato a Bonizzo, dove aveva provato a commerciare in scarpe; si era comprato un motocarro Gilera con cui girava per i paesi limitrofi a vendere calzature di vario genere, per finire poi in una segheria. Di lui si diceva che andasse spesso a trifola di notte. Un filo rosso che univa i vari *trifulin* era che nessuno di quelli che ho conosciuto aveva mai trascurato il lavoro principale, per cui andavano di solito la mattina presto o sotto sera. Tutti indistintamente usavano lampade a carburo; un'intensa luce e un persistente odore che penetrava nel naso come tanti piccoli chiodi. Moris aveva anche un battello con cui andava a pescare (poi il pesce lo vendeva) o a raccogliere legna in mezzo al Po

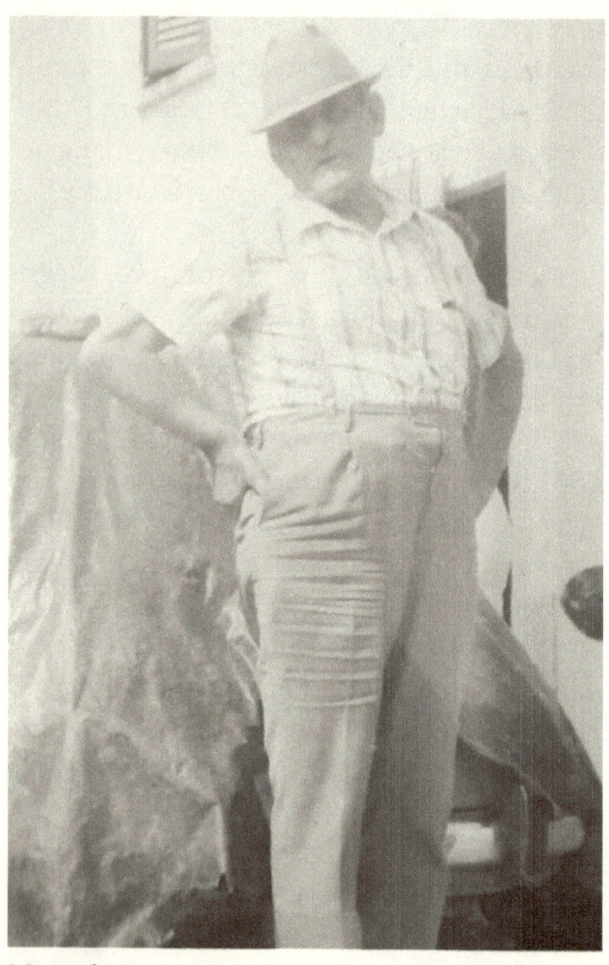

Moris davanti a casa.

recuperando tronchi e pure alberi interi. Il tutto quando il fiume cresceva e portava a valle il legname appoggiato nei boschi: quella legna serviva per la casa.

I suoi cani: la Folga.

DINO POGGI. Si appassionò in tarda età, purtroppo non l'ho conosciuto bene. Ricordo che un paio di volte andò a trifola con mio padre.

MASSIMILIANO PRETI. La leggenda sostiene che fosse in grado di trovare il tartufo battendo il vanghetto sul terreno in determinati punti.

CESARE PRETI. Anche lui aveva un battello con cui andava a pescare per poi rivendere il pesce; usava il battello oltre che per pescare anche per raccogliere legna e per andare a cercare il tartufo sulla sponda opposta del Po, da Correggioli a Bergantino.

E ne trovava perché allora si girava a piedi, per cui obbligatoriamente si setacciava il terreno pianta dopo pianta. Adesso invece giriamo in macchina da una tartufaia all'altra e magari saltiamo una rovere, dieci pioppotti, tre tigli etc. Di lui ricordo che aveva una voce baritonale.

I suoi cani: la Picia, una specie di barboncina lagottata.

GINO PRETI (*Ginu bagian*). Possedeva pure lui un battello con il quale andava a pescare e a fare le cose che più o meno facevano tutti i possessori di barche, ovvero raccogliere legna, fare il passatore e traversare il Po per cercare tartufaie sulla sponda sinistra del fiume. E pure lui, come altri, scoprì nuove tartufaie.

Una curiosità merita di essere evidenziata. Quei quattro o cinque pescatori conosciuti giravano per il paese alle sette di mattina in bicicletta con una cassetta attaccata al portapacchi posteriore, di dimensioni circa 60 x 40 x 15 cm, coperta con un sacco di iuta bagnato a mo' di schermo di riparo dal sole e fermato con una camera d'aria da bicicletta. Erano tutte uguali, al punto che sembrava se le scambiassero.

Angelo Superbi *(al fiöl ad Ciro)*. In generale penso che siano poche le persone di Bonizzo che per una qualche cosa non l'abbiano dovuto ringraziare. Un grandissimo cuore disponibile per tutti, belli o brutti che fossero, non era importante. Un po' pazzerello, ma tanto simpatico. A trifola portava con sé la giovialità tipica del suo carattere ma anche la serietà dell'agire che lo contraddistingueva. Ci capitò un paio di volte di uscire assieme per una battuta e finì entrambe le volte con una grigliata in mezzo al bosco assieme ad alcuni amici *trifulin* e amici comuni rintracciati per l'occasione. Era motoaratore e sul lavoro, come sulla trifola, era assai serio.

Angelo Superbi *(al fiöl ad Raul)*. Cugino dell'altro Angelo, di cui era omonimo, molto pacato e rispettoso.

Ettore Superbi. Anche lui si appassionò tardi e frequentò alcuni anni la golena.

Atreo Superbi. Parente di Giuseppe, Probo e Romolo. C'è una curiosità che lega strettamente

1986. Io che leggo l'ode *Viva viva l'Angelone che ci offre un gran cenone*. Festa per il XXX anniversario della mietitrebbia Laverda, con cena offerta a più di cinquecento persone: cibo, musica e premiazioni.

le vicende di questi quattro più un altro Superbi, Decebolo, sempre un cugino. Le famiglie erano agricoltori e possedevano alcune biolche mantovane di terra; decisero quasi all'unisono di mollare la terra per dei negozi di frutta e verdura in città a Mantova; forse quattro o cinque, in vari angoli della città. Ebbero molto successo.

Giuseppe Superbi. Stessa famiglia e comune vicenda: ovvero da Bonizzo a Mantova, senza mai abbandonare la passione per la trifola.

Romolo Superbi. Stessa famiglia. Che mi ricordi provò la trifola per poco, non ne fu preso.

Probo Superbi. Pure lui incominciò a Bonizzo e poi si trasferì a Mantova, dove proseguì l'avventura trifolesca.

Ricordo un aneddoto spassoso che mi fu raccontato da mio padre. Pare che al "*Caladon*", nel Bosco di Basaglia, alcuni buontemponi o furbacchioni seminassero qualche scaglia o piccoli tartufi omeopatici con il solo scopo di far perdere tempo al *trifulin* che avanzava e passare indisturbati in posizioni più proficue.

Moris in barca con Dionisio Facchini.

Gli attuali *trifolin* di Bonizzo

FRANCO BELLUTTI (figlio d'arte di *Maramin*). Ci siamo ritrovati spesso a trifola in golena. Lui con la Bèla, addomesticata e addestrata dal padre, e io con il Black, addestrato da mio padre. Abbiamo condiviso pomeriggi interi l'uno a fianco all'altro senza un filo di egoismo, al punto che se uno forava – e succedeva spesso – l'altro si fermava ad aiutarlo. L'avevo battezzato "il Poeta" perché rispettava anche le zanzare. Ha lasciato un grande vuoto.

LUCIANO BOSELLI (ovvero io, figlio d'arte di *Ciliu stradin*). Un 4 novembre di circa sessant'anni fa trovai un tartufo di cinque etti e trentatré grammi. Mio padre lo vendette e prese 4800 lire. Comprai allora un paio di scarponcini tipo le Clark di adesso, che hanno un prezzo che va da 150 a 180 euro circa.

Chi mi ha attirato dopo tempo nel gorgo della trifola, nel 2000 circa, sono stati i due *trifolin* Giorgio Ferraresi (a pochi è consentito di chiamarlo Gelindo) e Onorato Bottura.

Franco Bellutti (il Poeta).

I *trifulin* e i loro cani

Qualcuno ci battezzò a suo tempo: "i tre Ceceni". Successe quando venni invitato a seguirli a Bondeno con il permesso, speciale concessione, di guidare il Lear, il cane di Gelindo di eccezionale bravura con il quale avevo legato immediatamente. Quando Lear raspava mi sedevo di fianco al buco e cominciavo a scavare; ovviamente coprivo il cane di complimenti e croccantini. Se il tartufo era interessante, intendo di grossezza, mi mettevo a cantare e il Lear mi dava i bacini sulla faccia. Giuro.

Una volta che il grano era un po' più grande della media, eravamo a Bondeno, alzai la voce e una coppia di passaggio – c'è una pista ciclopedonale a fianco della tartufaia – si fermò chiedendo: «Ha qualche problema? Si sente male?».

«Non sono mai stato così bene in vita mia. Venite a vedere! – risposi, poi mostrai il tartufo che stavo cavando e aggiunsi indicando il Lear – È tutto merito suo».

Crediate o no, Lear mi slappò un bacio in faccia e un gioioso guaito di apprezzamento. La signora, allontanandosi, si lasciò sfuggire in

Luciano Boselli, *Uomini, cani e tartufi*

Io e Giorgio Ferraresi (due dei tre Ceceni) e i cani Lear, Tex e Zara in un giorno particolarmente felice.

I *trifulin* e i loro cani

Giorgio Ferraresi e Onorato Bottura (l'altro Ceceno) nello stesso giorno.

dialetto ferrarese: «Non ho mai visto una cosa del genere. Robe da matti». Entrambi se ne andarono scuotendo la testa. Ho avuto la sensazione che non fossero apprezzamenti positivi.

I miei cani: Rex, Rufus, Mindy, Snoopy e la Luna.

Onorato Bottura (*al Pütin*). Il fratello più giovane dei tre "Ceceni". Non è mai stanco e non molla mai, è sempre disposto a proseguire per altri cento metri. Onorato e Giorgio avevano e hanno tuttora cani campioni molto bravi, sotto ogni aspetto.

I suoi cani: Zara, Diana e la Samba.

Giuseppe Bresciani (figlio d'arte di Lino). Mi pare che sia una persona molto seria e poco invasiva, perché si vede poco in giro. La malizia suggerirebbe che probabilmente ha dei posti segreti. Non sarà il caso di tenerlo d'occhio?

Raffaele Buzzacchi (nipote d'arte di *Ciliu stradin*). Insieme a Roberto, l'altro mio nipote, andava sulla canna della bici con mio padre

Raffaele Buzzacchi. Ha dimostrato, nel poco tempo che la Provvidenza gli ha lasciato, che la trifola può essere una cosa e tutto il contrario. Ha provato a realizzare le proprie idee, anche quando non proprio ortodosse, ottenendo alcuni successi.

Icilio e la Kira. Si è portato dentro per diversi anni la passione trifolesca, tacitata fino a un certo punto. Una volta inserito nel mondo del lavoro – era medico chirurgo all'Ospedale di Pieve – nonostante il pesante impegno decise che era ora di soddisfare qualche voglia, per esempio andare in giro per tartufi. Memore dei trascorsi con il nonno riprese l'attività di ricerca con l'aiuto del Rex, il mio cane bi-razza (segugio francese-bracco tedesco, o viceversa) che avevo iniziato ad addestrare da un anno. Mi telefonava e, compatibilmente con i suoi impegni, passava a prendere il cane e partiva. A qualunque ora terminasse il turno di lavoro.

Ebbi un'occasione e gli regalai un bellissimo bracco tedesco dal manto marrone, che chiamò Dick. Impazzì dalla gioia e si tenne il cane come un figlio. Di tartufo ne ha trovato poco perché il tempo di andarci è stato veramente limitatissimo. In compenso ha insegnato al Dick a marciare impettito come in una parata militare. Ci trovammo una volta a trifola – lui con il Dick e io con il Lear – e cominciammo a parlare del mio Rex, che una mattina da solo a casa aveva saltato la recinzione di un metro e mezzo e dopo ore di vagabondaggio era finito sotto un furgone. Quella volta Raffaele mi confessò che quando andava a San Biagio con il Rex si fermava in un forno che c'è sulla strada, prendeva due pizzette, le mostrava al cane e gli chiedeva quale preferisse. Il cane si girava, guardava una delle due e subito dopo la mangiava. E questo prima di cominciare a cercare… Sacrilegio! Eppure qualche volta trovavano la trifola. Purtroppo anche lui non c'è più.

GIORGIO FERRARESI (figlio d'arte di Tito). Il terzo dei "Ceceni". Più che un amico, un fratello. Insieme a Onorato Bottura formavamo un trio di grande spessore, grazie a loro due. Io li accompagnavo con il Lear, il cane di Gelindo, su concessione del padrone. Lui si dedicava al Tex, allora in fase di apprendimento. Molto serio durante la ricerca, diventava satiro alla fine, in rapporto a quanto tartufo si trovava. Scherzosamente l'avevamo battezzato: "il Capo".
I suoi cani: Lear, Tex e Zimba.

CARLO MARASSI. Appassionato di varie discipline: caccia, tartufi, ballo etc.; è molto sportivo e generoso in tutte. Ora so che abita in provincia di Verona.

I suoi cani: la Cuchina (cocchina). Carlo è stato l'ultimo *trifulin* a prediligere un cocker. Adesso si porta su un bracco tedesco come molti di noi.

Danilo Masiero (*al Marangon*) mentre insegna la trifola ai bambini.

DANILO MASIERO (*al Marangon*). Falegname di lungo corso. Uno di quei professionisti che risolve i casi più complessi con semplicità, con la facilità con cui si avvita una vite già impostata.

Arrivato alla pensione ha deciso di dedicare un poco del suo tempo alla trifola, si è quindi improvvisato *trifulin* con l'aiuto della Lilly, meticcia pura ma di notevole qualità. Autodidatta, non ha mai – almeno così mi risulta – cercato aiuti arrivando da solo a godere delle soddisfazioni che l'andare per tartufi regala. Purtroppo Lilly è morta e ora è indeciso se riprovare o lasciare perdere.

Arrigo Palmieri. È al secondo anno di grande amore verso il tartufo. È appassionato nella giusta maniera e promette bene; nel senso che sia pure timidamente e rispettosamente si sta insinuando pian piano nel mondo del tartufo e dei *trifulin*.
I suoi cani: lo accompagna Totò, piccolo meticcio vivace e furbo.

Gli storici *trifolin* di Borgofranco

Purtroppo non conosco bene particolari e curiosi aneddoti delle persone che elencherò, non li ho frequentati spesso perché battevano poco le tartufaie bonizzesi. Pensandoci bene girare in bicicletta non era sempre comodo, quindi ognuno cercava di sfruttare ciò che offriva il proprio paese. È vero, a Borgofranco cominciarono abbastanza presto a usare i mezzi messi a disposizione dal progresso. Partendo dai Mosquito, i Motom, le Vespe e le Lambrette dotati della inseparabile cassetta di legno con le pareti alte; per finire ovviamente alle macchine Topolino C o FIAT Giardinetta.

ALFREDO BARBI. Il decano e forse il più famoso.

LEONINO BASSI (*al Camiunista*).

ALCAISER BORSARI. Anche lui tra i primi.

UGO DEGLI ESPOSTI (Ügo sartor). Grande professionista. Uno dei primi che riuscì ad addestrare un bracco in maniera ottimale. Insieme ad Aldo Reggiani era riuscito a trasformare in riserva il tratto Bondeno-Ferrara a fianco della pista ciclopedonale. Scoppiò però un acceso conflitto e gli Enti interessati, una volta resisi conto della guerra tra i *trifulin* del posto e loro due, annullarono tutto; anche perché i due trifolini Aldo e Ugo rinunciarono nonostante le approvazioni già in mano. Sbagliarono, perché quella era la strada giusta: una riserva gestita dai *trifolin*. Però secondo me si sono dimostrati molto intelligenti.

Leonardo Gorgatti (*Leonino*, ristoratore del Padus). Sulla cresta dell'onda fino a pochissimi anni fa.

Teotimo Malagola (*Toti al frütaröl*).

Ermes Malavasi (al *Scarpulin*).

Rubens Prandi (*al Mecanic*).

Ivanoe Zacchi (*al Mürador*).

Leonardo Leonino Gorgatti, Esempio concreto e completo di un *trifulin* eccelso, bravo nel commercio e nell'uso in cucina della trifola trovata.

Gli attuali *trifolin* di Borgofranco

Costante Bernardi (*Tano*). Mi pare che ami la solitudine.
Si vede poco.
Voci di bar dicono che preferisce le tartufaie del Veneto, in particolare le campagne e i boschi rodigini.
Sicuramente da spiare.

Vanni Ghirardi. È una *new entry*.

Aldo Reggiani. Ho sentito un paio di volte che veniva ironicamente chiamato "il Professore", ma forse è solo invidia perché dà fastidio che qualcuno abbia la testa più avanti. Nella realtà si fa gli affari suoi.
Socio di Ugo Degli Esposti nella vicenda Bondeno, al pari di Ugo si è dimostrato assai intelligente a mollare ciò che era già nelle proprie mani.

Franco Zacchi (figlio d'arte di Ivanoe). Metodico e perseverante.

I cani

I cani sono gli attori principali dello spettacolo di andare a tartufi. Sono loro infatti che cercano, individuano e segnano il punto esatto dove scavare per trovare il prezioso fungo. Senza cani non si troverebbe nulla. Si raccontava, tanti anni fa, che Massimiliano Preti e Besutti riuscissero a trovare la trifola solo battendo il vanghetto sul terreno. Io personalmente non l'ho mai visto fare. Comunque parlavano di pochi grani e quasi sempre acerbi.

Non conosco le ragioni per cui una volta i cani erano tutti meticci, o meglio proprio bastardotti. Spesso avevano componenti cocker. Si può pensare che la scelta fosse dettata da questioni di costo, i bastardi infatti non costavano nulla. Che ci fosse un'anima cocker invece era quasi obbligatorio.

Venendo ai giorni nostri, possiamo notare che la scelta cade spesso e volentieri sul lagotto, talvolta di razza pura: una bella bestia di mezza taglia, pure simpatica.

I *trifulin* e i loro cani

A seguire vedo molti esemplari di razze tendenzialmente adibite alla caccia; spesso e volentieri un misto, ma sempre nell'ambito della caccia. Mi sono chiesto tante volte il perché di questo cambiamento, penso che derivi in buona parte dall'adattamento della ricerca ai ritmi moderni. Il cocker è un cane di ottimo fiuto ma piuttosto lento; andava bene nelle nostre golene e nei fossi. Le tendenze moderne richiedono invece più velocità, bisogna setacciare più bosco in meno tempo per poter ripetere l'operazione nel bosco successivo. Ecco pertanto l'apparire nelle tartufaie dei bracchi tedeschi, più o meno puri, spesso contaminati da setter o altro; ottimi cercatori ma difficili da addestrare.

È cambiato il modo di addestrare, fermo restando che ogni *trifulin* aveva e ha un suo modo di interpretare il rapporto istruttore/cane studente. Una volta si partiva con croste di gorgonzola prima buttate a mo' di gioco, poi sotto un rottame per far muovere le zampe e infine sottoterra per imparare a raspare: il raspare i cani ce l'hanno nel sangue, non c'è bestia che non lo faccia, per puro istinto. In agosto veniva completato il ciclo con l'avvicinamento della trifola al formaggio. Per finire poi solo con la trifola e l'addestramento in tartufaia vera.

Adesso il lavoro si è semplificato, nel senso che ci sono a disposizione burri, creme, oli etc. tartufati, per cui si può partire immediatamente dall'odore di tartufo appoggiato su un supporto, per esempio di croste di Parmigiano. Rimane insostituibile il premio finale, che una volta era un pezzo di pane, mentre oggi si arriva persino a porzioni di wurstel. Potrebbe sembrare un'esagerazione, in realtà se penso alla pazienza che devono avere i cani a sopportarmi non bastano nemmeno dieci cucchiai di tiramisù.

Ultimamente si sta facendo strada, sempre con maggiore insistenza, l'istruzione di base fatta da istruttori e istruttrici qualificati.

Le tartufaie

Fino agli anni Settanta la fonte principale del tartufo bianco – il *magnatum pico* – era la golena; altra base di ricerca erano i fossi. La golena era un susseguirsi di boschi, boschetti, sponde di cave etc. come una sorta di gioco della dama. Nello stesso bosco di 100 x 150 metri, per dire, la trifola la trovavi in una striscia di trenta metri, piccola e più o meno profumata, poi niente. La cosa curiosa era che in questa specie di scacchiera cambiava anche il tipo di trifola e spesso la profondità a cui trovavi il grano.

Analoghe cose succedevano nei fossi. Se era lungo cento metri magari cavavi trifola nei primi cinquanta metri e poi basta. Oppure nei primi venti metri, poi niente per cinquanta metri, per poi ricomparire verso la fine.

Il fatto strano è che le piantumazioni erano le stesse, ovvero pioppi in golena e capitozzi, qualche quercia o salici nei fossi. Nei giardini spesso erano i tigli che producevano tartufi.

Viene da pensare quindi che chi comanda la catena produttiva sia il tipo di terreno, che varia a seconda delle zone.

In golena per esempio c'è più sabbia che argilla. Una curiosità: nella tartufaia del Lido a Bonizzo, in un angolo verso Ca' Vecchia, si trovava tartufo a circa quaranta centimetri sotto terra e sembrava appoggiato proprio dove lo strato misto leggermente sabbioso cambiava in sola sabbia. E cambiava anche la trifola dal resto della tartufaia! In quell'angolo il tartufo era di un giallo pastello pieno con un profumo intenso che pungeva il naso. In generale si potrebbe dire che più aumentava la presenza della sabbia, più il tartufo diventava di un colore giallo chiaro e più profumato.

Il tartufo migliore era considerato quello "*dal Tai*", parte di bosco di fianco alla chiesa di Bonizzo, ovviamente in golena. Non molto ampio, produceva tartufi di varia pezzatura dai venti ai quaranta grammi, con qualche eccezione verso la sponda del Po dove sono stati trovati anche pezzi superiori all'etto. Oltre a quelli nominati c'era "*al Caladon*", dove fu costruito dagli Americani il ponte che permise agli Alleati di passare il Po nell'ultima guerra. E poi "*al Cavon ad Tamassia*", "*al bosc ad Tamassia*", "*al Cavin dal rubin*", "*la Nugarasa*" e "*li Cavi*" di là dall'argine. "*Al Cavon ad Tamassia*" nel periodo anteguerra era il San Siro o l'Allianz stadio di Bonizzo; derivato da scavi per rialzare o rifare l'argine maestro, venne trasformato in un campo di calcio dove non si svolgeva un regolare campionato ma incontri comunque molto seguiti con squadre dei paesi vicini: si narra di oltre cento spettatori! Le partite si concludevano sempre al Lido Po, trattoria gestita dalla Zelinda Vincenzi: si festeggiavano i vincitori, si consolavano gli sconfitti.

Ognuno di questi boschi aveva proprie caratteristiche, le più varie, regolate dal Po. Purtroppo è sparito tutto.

Di tartufo non c'è più traccia, sia in golena che nei fossi. Una considerazione che mi viene spontanea spesso e volentieri è che gli studi con relative sperimentazioni dovrebbero dedicarsi a questi luoghi dove esisteva un mondo dorato. Adesso quel po' che è rimasto è concentrato negli argini del canale di bonifica Terre di Matilde. Ma quanti chilometri bisogna fare!

Andar per fossi un tempo era più movimentato in quanto il percorso era variegato. Cinquanta metri di qua, poi in bicicletta per duecento metri, e giù altri cento metri di cerca; così per chilometri. Per certi aspetti era più difficile per il cane, in quanto viaggiava nel fondo del fosso e doveva stare attento alle due sponde contemporaneamente. Notare che sul piano spesso i cani, almeno più bravi, si mettono sottovento in automatico, senza bisogno di richiamarli.

Il tipo di tartufo che si trovava nei fossi era assai variegato per colore, grossezza e profumo. Anche qui, come in golena, cambiava le caratteristiche e secondo me sempre in rapporto alla composizione del terreno. La storia narra

Le tartufaie

Tito Ferraresi nel dicembre 1962 con un grano di trifola da un chilo e mezzo abbondante, appena trovato. È tutt'ora un record.

che moltissimi anni fa il Po esondava spesso, in quanto non c'era l'argine maestro ma solo un piccolo arginello. Ovviamente nelle inondazioni il fiume esportava sabbia e limo. Le terre di Bonizzo e limitrofe sono state bonificate dai frati benedettini, che in quel periodo si diceva abitassero in una casa ora abbandonata di proprietà della famiglia Guidetti, all'Agnella. Il lavoro dei frati è stato meraviglioso, visti i risultati. Però evidentemente non sono riusciti a bonificare tutto.

L'indotto

A rimorchio della trifola parrebbe che ci fossero un tempo, e ci siano oggi, solo i ristoranti. Nella realtà invece quel po' di ricchezza che la trifola dà viene distribuita a tutto tondo. Ovviamente in misura minore, però ho fatto prima l'esempio del grano da mezzo chilo con il quale ho comprato delle scarpe; personalmente ricordo che ci acquistavo i libri di scuola, pagavo l'abbonamento della corriera etc. Altri, mi risulta, analogamente spendevano il guadagno nei modi più appropriati e secondo le loro esigenze, comunque per la casa.

I ristoranti rappresentano senz'altro l'aspetto più conosciuto. Bonizzo è stato quasi sicuramente il primo paese ad avere addirittura due trattorie che preparavano tartufo. Pare che la prima in assoluto sia stata Zelinda Vincenzi, per i più affezionati "Tata"; si raccontava che lo cucinasse già prima della Seconda guerra mondiale. Il Lido era un'osteria/trattoria in riva al Po con gioco di bocce e divertimenti vari di proprietà della famiglia Vincenzi, ora è ridotto a un cumulo di macerie.

A seguire, ma praticamente contemporaneo, ci fu il mitico Athos Vincenzi. Figura straordinaria perché sembrava timido ma era solo un atteggiamento di grandissimo rispetto per il prossimo, chiunque fosse. Athos riusciva a rendere magnifici i piatti che presentava. In tre occasioni venni richiamato all'attenzione da tre persone sconosciute: un ingegnere di Bolzano, un medico di Mantova e un avvocato di Padova; per tutti e tre la modalità è stata pressoché identica. Saputo della mia provenienza dalla provincia di Mantova, si ricordavano di aver mangiato dei piatti con il tartufo in una piccola trattoria di un paesino vicino al Po. Cose sopraffine, ricordavano! L'unico difetto era che bisognava prenotare quasi un anno per l'altro, perché era sempre strapieno. Ed era vero. Uno di loro era quasi arrabbiato perché non riusciva a venire almeno una volta al mese! Athos aveva caratteristiche che sembravano strane, però alla fine erano bene accolte da tutti. Per esempio non ha mai servito un antipasto: non li faceva, semplicemente. Poi non metteva il pane in tavola prima di servire il mitico risotto, la giustificazione era che non ci si doveva imbrattare la bocca con altri mangiari, il risotto doveva avere la precedenza. A guardare il successo bisogna riconoscere che aveva ragione. Athos fu antesignano anche nelle scelte di vita. Per esempio costruì la nuova trattoria proprio in fregio alla nuova strada provinciale nata dopo il 1951, anno della grande piena del Po, con sfondamento degli argini in Polesine. La sua scomparsa ha lasciato un vuoto immenso. È pur vero che l'attività venne proseguita per alcuni anni da Nelly, sua moglie, assieme al figlio Alberto. Athos e Nelly sono stati anche genitori putativi di tutti noi giovani frequentanti il bar/trattoria; si preoccupavano di controllare che fossimo *ben pagnà* [ben coperti] quando andavamo in giro in Vespa o in Lambretta d'inverno e si curavano che ci fosse abbastanza miscela nel serbatoio. Se non erano convinti aggiungevano un paio di litri di carburante, pagabili il giorno successivo o quando riuscivamo. Grandi! Erano mezzi dotati di optional eccezionali quali il parabrezza in plexiglas o similare per attutire la prima botta d'aria e due pelli rovesciate di coniglio sulle manopole per evitare il congelamento delle mani.

Nel 1967 sorse poi a Borgofranco il Padus. Costruito da Giulio Gorgatti, con il supporto della moglie e dei figli Leonino e Bruno, il Padus nacque come osteria di paese e si trasformò velocemente in ristorante ricercato, grazie a una cucina tipica nostrana impreziosita con il tartufo bianco della zona trovato da Leonino, guarda caso. Il fatto storicamente determinante del successo che a tutt'oggi accompagna il Padus è stato il susseguirsi di varie generazioni – tutte Gorgatti, e tutte di grandi capacità – che hanno saputo migliorare la cucina, già buona, e l'ambiente assai attraente nella sua sobrietà. Attualmente la gestione è affidata a Sandro, coadiuvato dalla moglie Antonella e dalle sorelle Roberta e Simona, in cucina e in sala. Oltre al tartufo sono ritenute eccellenze dai clienti le paste fatte in casa con il mattarello classico e i dolci di Roberta.

Altra trattoria che serviva tartufo era I due Mori di Carbonara. Una piccola deviazione per ricordare altri due mitici personaggi: Elia e la moglie Gemma Rampani. Il piatto della casa famoso era lo stracotto d'asino, che Elia si vantava di dare a tutti. Diceva infatti: «Do dell'asino a tutti, e tutti mi ringraziano!». Fu menzionato da Veronelli in una sua guida. Gemma preparava allora il risotto salsiccia e tartufo, oltre alle tagliatelle e alle uova; in pratica pochi svolazzi ma molta concretezza. Da qualche anno il testimone è stato raccolto dal figlio Ugo, che con la moglie Luigia e i figli ha aperto L'antica locanda Corte della Marchesa a Carbonarola: grande cucina e grande successo, il tutto impreziosito da piatti al tartufo. Ci mancherebbe.

Attualmente ci sono altri tre ristoranti, tutti a Bonizzo: la Locanda del Pozzo, La Contrada e Il Trifoglio. Oddio Il Trifoglio sarebbe in territorio reverese ma è più vicino a Bonizzo, per cui virtualmente è più bonizzese che altro! La Locanda del Pozzo è sorta un po' di anni fa in via Barbi, sempre a Bonizzo, per merito di Agostino Freri e sua sorella Mariella. Un bel locale, sobrio, ricavato in una vecchia casa completamente ristrutturata. Una buonissima cucina, che in autunno propone anche piatti con tartufo.

La Contrada ha riaperto i battenti pochi mesi fa con una nuova gestione, dopo l'improvvisa scomparsa dello chef-scrittore Francesco Grossi. Il nuovo chef Fabio La Monica propone una cucina variegata: piatti tipici mantovani e toscani, pesce di mare e specialità al tartufo.

Si diceva del Trifoglio alla Nogarazza. Un ambiente moderno ristrutturato di recente posto davanti a una cava da pesca che, tenuta molto bene, offre una visione rilassante sia che si scelga di mangiare all'interno che all'esterno. Anche qui si propongono piatti con tartufo, oltre alla cucina tipica mantovana, concedendo qualche volo di fantasia. Gestito ottimamente da una giovane coppia – Moreno e Angelica – si sta imponendo sempre di più grazie alla gentilezza e soprattutto al buon mangiare.

Da citare anche la Corte Matilde di Marco e Sabrina Fincatti, attivo da diversi anni con grande successo, al punto che vengono citati pure in guide specializzate di livello nazionale.

Però è a Pieve di Coriano, per cui non voglio allargarmi più di tanto.

Accanto all'attività della ristorazione c'è pure un'attività commerciale, ovvero I Tartufi del Borgo, gestita da Tiziano Casari a Borgofranco sul Po.

L'acquisto e la vendita del tartufo di ogni qualità sembra il business principale; in realtà Tiziano ha voluto – intelligentemente e giustamente – affiancare al commercio di trifola la preparazione di burro, formaggi, creme, fondute e altre leccornie al gusto del tartufo. Nel senso che prepara il tutto con tartufo vero! Pare che la cosa funzioni egregiamente al punto che, non so come ha fatto, ma si è creato dei clienti persino negli Stati uniti, dove spedisce regolarmente *magnatum pico* e alcune sue preparazioni.

Da ricordare pure Gatti Germano di Carbonara, commerciante di tartufi. Molto conosciuto nella bassa e altrove, lo si trova presente con il suo logo in molte rotonde delle nostre strade.

È doveroso
proporre rimedi

Spesso, correttamente, si sostiene che è giusto criticare un determinato argomento quando se ne ravvedono i motivi, ma è altrettanto giusto e doveroso proporre rimedi quando giudichiamo negativamente presunte incongruenze, cose storte, difetti. Pure quando i rimedi possono essere di peso alle abitudini quotidiane. C'è una catena che come un filo rosso lega una serie di usi, costumi, consuetudini e tradizioni alla modernità, ma che si appoggia fortemente a una base di vita legata a sistemi troppo inquinanti. Un esempio per tanti: non è forse vero che bastano alcuni gradi di caldo e già accendiamo il condizionatore? Si sta meglio, certo. Però si produce inquinamento. È evidente la stridente contrapposizione tra lo star bene subito e il distruggere il sistema climatico nel tempo. È altrettanto ovvio che è più facile scegliere di star bene subito, poi si vedrà. Sbagliato, secondo me.

Così facendo arriveremo, non so in quanto tempo, a un punto di non ritorno tremendo e terribile. Allora bisogna pensare, studiare immediatamente una soluzione e correre subito ai ripari. Mi pare indiscutibile che uno dei problemi principali nasca dall'uso indiscriminato di combustibili, che siano fossili o idrocarburi: rilasciano anidride carbonica in maniera esagerata. Si può ridurre questa tendenza? Penso proprio di sì. In molti parlano di energie alternative e rinnovabili, andiamole a cercare, esempi ce ne sono.

Le pale eoliche sono una realtà in grande sviluppo, almeno si spera. Da dove derivano in pratica le pale eoliche? Dai mulini a vento. Perché allora non si resta nel campo e non si copiano le ruote dei mulini del Po? Le ruote dei mulini sul Po giravano spinte dall'acqua e facevano girare le macine, che a loro volta

È doveroso proporre rimedi

Reliquia archeologica, ovvero una macina proveniente dal vecchio mulino sul Po ancorato in zona "*Caladon*" di Giovanni Preti e della figlia Virginia, per tutti "Mila".

molavano il frumento e il mais producendo farina per il pane. Perché allora non si usa lo stesso sistema per creare corrente elettrica? Se pensiamo che in una minuscola dinamo di bicicletta la testina che gira contro una gomma crea abbastanza luce per un fanalino che ci rende visibili e consente di vedere davanti a noi, perché non si può credere che – trovate le giuste dimensioni e proporzioni e unendo più ruote – possiamo illuminare un intero paese? O più paesi? L'acqua infatti consente di appoggiare più ruote a pochi metri l'una dall'altra. E ancora: non c'è solo il Po, ci sono altri fiumi in grado ospitare ruote/dinamo.

È difficile per me dire quanto si risparmierebbe, però a sensazione ritengo che magari non sarebbe l'unica panacea ma comunque un grosso colpo al consumo dei combustibili. Potremmo forse limitare i danni creati dal petrolio, dal carbone e simili.

Va osservato poi che la stessa acqua che passa per Bonizzo viene da Torino e oltre, e arriva alla foce senza inquinare. Lo stesso litro di acqua che parte da Torino per arrivare alla foce, quanta corrente può produrre! E l'acqua del Po non ha costi d'acquisto: quante pale possono girare? E quanto carbone, nafta, gas si risparmierebbe? C'è anche un ulteriore risultato non trascurabile: il mancato uso di carburanti eliminerebbe una fetta d'inquinamento e aiuterebbe il clima a ritornare quello di una volta, quando le stagioni erano ben definite e il meteo meno scombussolato di adesso. Penso che alla fine piuttosto di crepare affumicato preferisco sopportare la vista di strutture in ferro lungo il Po e in tutti gli altri fiumi che lo consentano.

Un altro aspetto importante è l'inquinamento in agricoltura. Mi sembra che il problema sia più complesso. Anche in questo campo penso che qualche cosa si possa fare, per esempio riportare l'agricoltura a qualche anno fa quando – almeno qui da noi – sopravvivevano le stalle con le mucche. C'era concime naturale, oltre a un reddito aggiuntivo. Mica semplice, c'è bisogno di condizioni favorevoli create attraverso studi di settore che individuino i giusti rapporti tra costi e ricavi. Ma perché almeno non provarci? Se i denti fanno male ci rivolgiamo a un dentista di fiducia, pure se abbiamo paura; non restiamo lì a soffrire in eterno, anzi nella maggior parte dei casi cerchiamo di prevenire guai peggiori attraverso visite programmate prima che compaiano le carie. Ecco *prevenire* forse sarebbe il verbo giusto, se non fosse che il dolore ai denti ce l'abbiamo già e quindi prima provvediamo meglio stiamo.

Pensare a cosa succederà tra venti o trent'anni mi mette paura. Mi rendo conto che non è facile, però se non si comincia seriamente a studiare e a mettere in pratica delle politiche per interrompere questa corsa alla distruzione del Creato finiremo, lo dicono gli scienziati, a gambe all'aria. Il guaio peggiore è che saranno in nostri figli a doverne sopportare le malsane conseguenze: che colpe hanno per meritarsi questo?

Piccola riflessione in merito. Durante la piena del 1951 si verificarono veri atti di eroismo popolare. In pratica tutta la popolazione dai quattordici anni in su si impegnò a riempire sacchi di terra da posare sull'argine per contenere il Po. Questo consentì di fermare la piena, qui come in altri paesi di riviera. Ebbene non è passato molto tempo dacché chi di merito ha deciso di porre rimedio all'insufficiente altezza degli argini rialzandoli

È doveroso proporre rimedi

e rinfiancandoli dove ce n'era bisogno. Di fatto si è provveduto a prevenire disastrose alluvioni eliminando le lacune presenti negli argini: subito, non dopo. Questa secondo me è determinazione. Perché non è possibile agire subito, anche solo in parte, contro ciò che ci sta opprimendo?

E la trifola cosa c'entra? In fondo è semplicemente una piccola componente della nostra vita, piacevole e se vogliamo anche gustosa, ma quasi insignificante nel complesso dell'esistenza. Ecco una mia certezza: un buon piatto di risotto con la salsiccia equivale allo stesso piatto con il tartufo, se si ha fame. Se poi il tutto viene condito con *la salsa di san Bernardo: poco sale e molta fame*, diventa una lotta dura la scelta del piatto migliore.

Il *trifulin* può fare qualcosa? Secondo me sì, e anche di rilievo.

Per esempio può cominciare a investire una piccola parte del ricavato dalla vendita del tartufo in studi mirati a capire il perché un bosco finisce di produrre trifola. Può analizzare le condizioni intrinseche di qualche tartufaia in produzione confrontate con quella o quelle che si sono seccate. Può sensibilizzare le Autorità preposte a unirsi in queste piccole ma importanti ricerche, che possono sembrare interessanti solo per un problema di poco conto ma sono in realtà di enorme valore perché l'intero ambiente è connesso all'inquinamento. Risolvere il problema della sparizione del tartufo vuol dire rimediare in parte al problema dell'inquinamento generale.

Mi ricordo che a metà anni Settanta partecipai a una riunione delle Amministrazioni del circondario del Comune di Ostiglia, era presente un assessore della Regione Lombardia. Già allora si facevano interventi distruttivi alle tartufaie della golena. In quella occasione proposi di istituire un Parco del Po che, nel rispetto di tutte le attività, le disciplinasse imponendo se del caso anche qualche divieto. Giustificai la mia richiesta descrivendo le tartufaie di Bonizzo come una specie di miniera d'oro: cosa vera, peraltro.

È doveroso proporre rimedi

Nessuno mi ha dato credito e aiutato a sviluppare un discorso più concreto. E alla fine anch'io "ho giocato alle carte e parlato di calcio nei bar".

Esiste poi il problema delle industrie con i loro fumi e gli scarti. È difficile per chi non è esperto proporre, suggerire, consigliare. C'è una cosa che mi colpisce, non riesco a capire perché non si dia ascolto alla scienza con la dovuta attenzione, al punto che si ha la sensazione che i rimedi tanto sbandierati partano sempre con lassi di tempo di venti, trent'anni. Troppi anni. Ci vorrebbe più determinazione e concretezza, e soprattutto volontà, che al momento mi sembra abbastanza labile. Poi mi rendo conto che servono risorse umane ed economiche: per le prime mi pare che problemi non ne dovrebbero esistere e per le seconde pure.

Ricordo che nei primi anni del 2000 proposi all'interno dell'Associazione mantovana Cercatori di Tartufo *Trifulin Mantuan* di creare una società esterna con l'intento di chiedere finanziamenti all'Unione Europea sulla base di un progetto di salvaguardia di tipicità locali importanti. Ricordo pure che ero venuto a conoscenza che in città a Mantova o nell'immediata periferia c'erano due studi in grado di preparare la pratica e chiedevano soldi solo in caso di conclusione positiva della procedura.

Il principio che sostenevo era che il *trifulin* doveva iniziare a diventare imprenditore di se stesso, per cui si doveva acquistare un pezzo di terreno, per esempio l'ex tartufaia "*li Cavi*", e lì creare una specie di laboratorio piantumando piante, micorizzate e no, di tartufo nero pregiato, bianchetto e *magnatum pico*. Ovviamente con l'aiuto di un esperto come Vezzola, che poteva essere un supporto determinante.

La discussione durò sì e no cinque minuti. La proposta venne affossata immediatamente, soprattutto perché tutti i *trifulin* presenti si spaventarono poiché si sarebbe dovuto tirar fuori dei soldi per il capitale sociale. Cifra contenutissima, ma ritenuta esosa. Secondo me abbiamo perso un'occasione.

Per fortuna l'associazione ultimamente ha cambiato vela, e chissà che ristudiando il problema non si riesca a recuperare il tempo perso.

In me la speranza resta intensa e convinta. Vorrei proprio continuare a girare per boschi con la Luna e a insistere chiedendole: «*Gh'èla?*».

Printed by CreateSpace, An Amazon.com Company

Available from Amazon.com, CreateSpace.com, and other retail outlets

www.ingramcontent.com/pod-product-compliance
Lightning Source LLC
Chambersburg PA
CBHW031429210526
45464CB00005B/2111